人类饲养的动物

撰文/郭伟望　　审订/杨健仁

中国盲文出版社

怎样使用《新视野学习百科》？

请带着好奇、快乐的心情，
展开一趟丰富、有趣的学习旅程！

1 开始正式进入本书之前，请先戴上神奇的思考帽，从书名想一想，这本书可能会说些什么呢？

2 神奇的思考帽一共有6顶，每次戴上一顶，并根据帽子下的指示来动动脑。

3 接下来，进入目录，浏览一下，看看这本书的结构是什么，可以帮助你建立整体的概念。

4 现在，开始正式进行这本书的探索啰！本书共14个单元，循序渐进，系统地说明本书主要知识。

5 英语关键词：选取在日常生活中实用的相关英语单词，让你随时可以秀一下，也可以帮助上网找资料。

6 新视野学习单：各式各样的题目设计，帮助加深学习效果。

7 我想知道……：这本书也可以倒过来读呢！你可以从最后这个单元的各种问题，来学习本书的各种知识，让阅读和学习更有变化！

神奇的思考帽

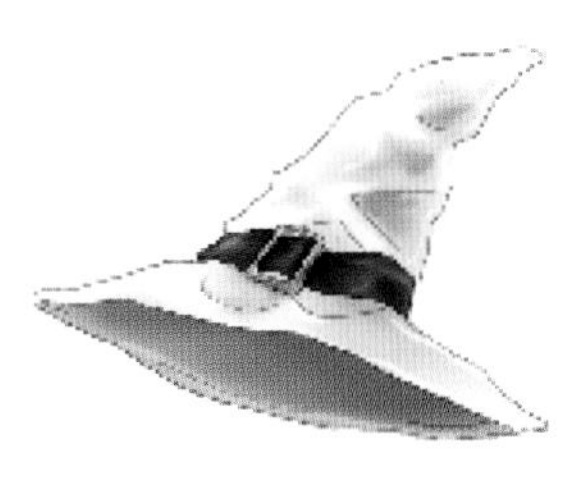
客观地想一想

用直觉想一想

想一想优点

想一想缺点

想得越有创意越好

综合起来想一想

接触动物的时候，你有什么感觉?

饲养动物可以带给我们什么好处?

饲养动物会有危险吗?

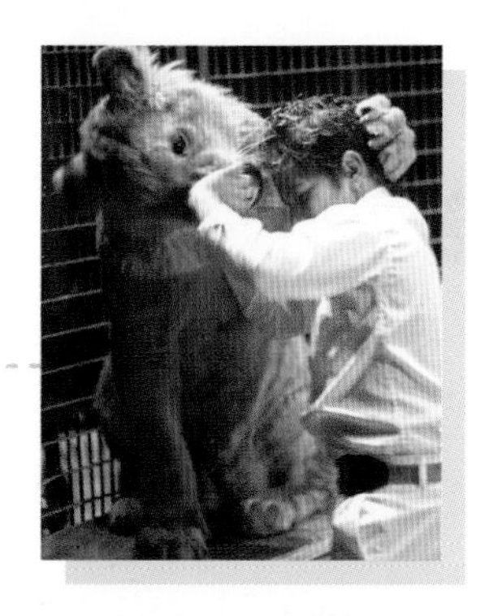

你最想饲养什么动物?可能会有什么困难?

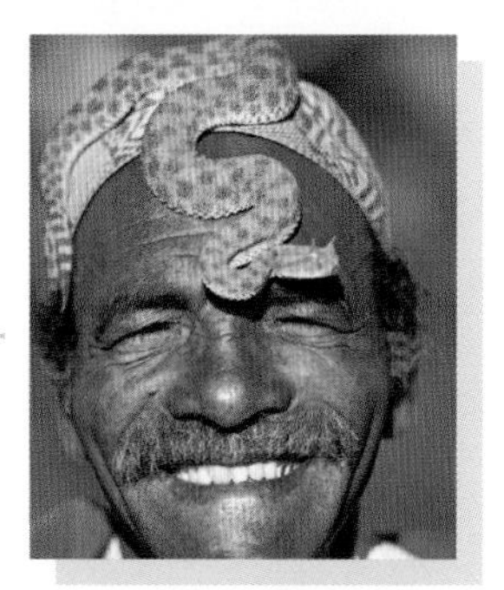

我们应该如何对待饲养动物?

目录

CONTENTS

■专栏

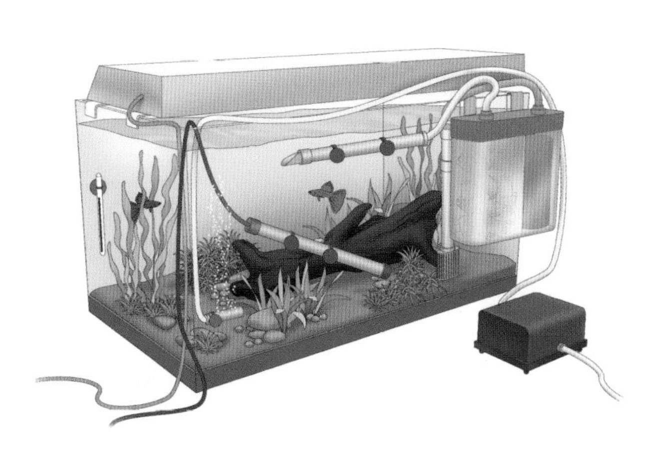

单元1

驯化的动物

（只吃竹子的大熊猫太挑食，不容易驯养。图片提供/GFDL，摄影/663highland）

人类饲养动物已经有上万年的历史了。人们照顾驯养动物，而这些动物则为人类提供食物、皮毛、劳力，甚至爱与忠诚，成为人类的朋友。

南非好望角在18世纪就已驯养鸵鸟，但当时并无商业目的。至今南非仍是鸵鸟产业最完备的国家。（图片提供/GFDL，摄影/Georgio）

驯化动物的分类

依动物与人类亲密的程度来区分，自由生活、不倚赖人类的是“野生动物”，例如非洲草原的狮子，或是在人类建筑物筑巢的麻雀。有时人们会圈养野生动物，但它们仍维持在野外的生活习性，例如动物园里的动物就属于“圈养的野生动物”。“半驯养的动物”如鸵鸟，虽然由人类协助大量繁殖，但仍保留野生动物的本能或特性。

至于“完全驯化”的动物如马和狗，外形或生活习性都与野生祖先有明显差异，而且不论生存或繁殖都和人类密不可分。

熊的体格强壮但不适合驯养，因为野性难驯而且力量太强，失控时可能造成严重伤害。（图片提供/GFDL，制图/Dantheman9758）

驯化与人择

驯化与人择有密切的关联。一开始，可能是人类捕捉圈养某种动物，之后挑选有用的个体进行繁殖，长久下来该物种演变得适应人类生活，而与适应野外环境的祖先不同。驯化成功后，人们便利用育种技术培育出各种品系，例如已发展出数百个品种的狗、金鱼等。但若物种本身无法适应人类的生活，人们再怎么挑选也无济于事，例如马的亲戚斑马，因为野性太强，无法成功驯化。

狗被人培育出许多品种。图为狗展中的阿富汗猎犬，是最古老的犬种之一，不只外形出色，运动能力也很优秀。（图片提供/维基百科，摄影/Ed Schipul）

驯化动物的条件

鹰猎是使用鹰隼类进行狩猎的活动，包括游隼、苍鹰、雀鹰等。图为鹰猎协会指导以栗翅鹰狩猎的情况。（图片提供/维基百科，摄影/whiskymac）

驯化是将野生动物转变成人类可以利用并控制的过程，在人类文明的发展中扮演重要角色。怎样的动物适合驯化呢？一、不太挑食而且成长快速的动物，像吃得多又挑食的无尾熊就不适合。二、繁殖行为能被人控制的动物，才能进行品种改良；有些动物很难人工繁殖，例如猎豹，从数千年前至今只有几次人工繁殖成功的记录。三、性情稳定且温和的动物，凶猛或是神经质的都不行，例如危险的熊或胆小的山羌。四、具有社会阶层的动物较容易驯化，因为人们只要能掌握它们的社会结构，就能够管理。

常见的驯化动物。（插画/陈正堃）

动手做花生壳玩偶

花生壳可以做成可爱的动物玩偶，来动手做做看吧！以下用狗示范，其他动物请自行发挥。材料：带壳花生、丙烯颜料、水彩笔、色纸、细铁丝、泡沫塑料、毛线、吸管、白乳胶、剪刀。（制作/林惠贞）

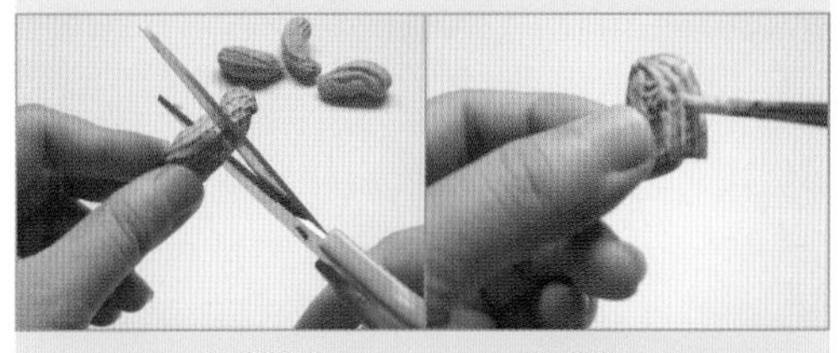

1.小心地将带壳花生剪成两半，花生仁倒出来。
2.以颜料和水彩笔给花生壳上色。

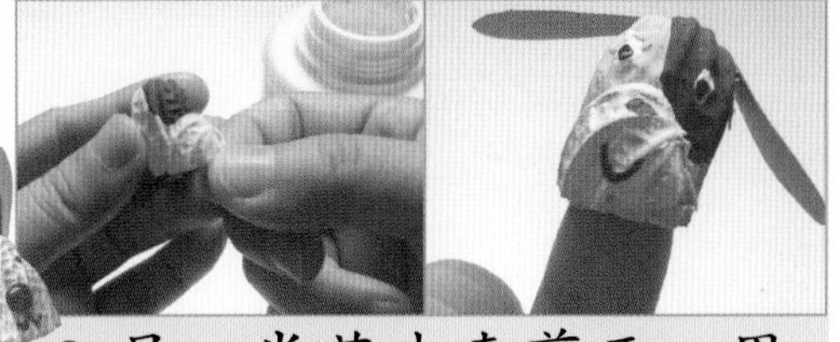

3.另一半花生壳剪开，用白乳胶粘在步骤2的壳上当狗的吻部。
4.贴上耳朵，再画上眼睛、鼻子和嘴巴，便完成了。

单元2

食用动物

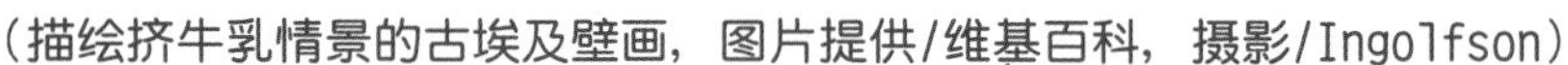

（描绘挤牛乳情景的古埃及壁画，图片提供/维基百科，摄影/Ingolfson）

动物的肉含有多种人体无法自行合成的必需氨基酸，而驯养的家禽家畜正是人们稳定的动物性蛋白质来源。

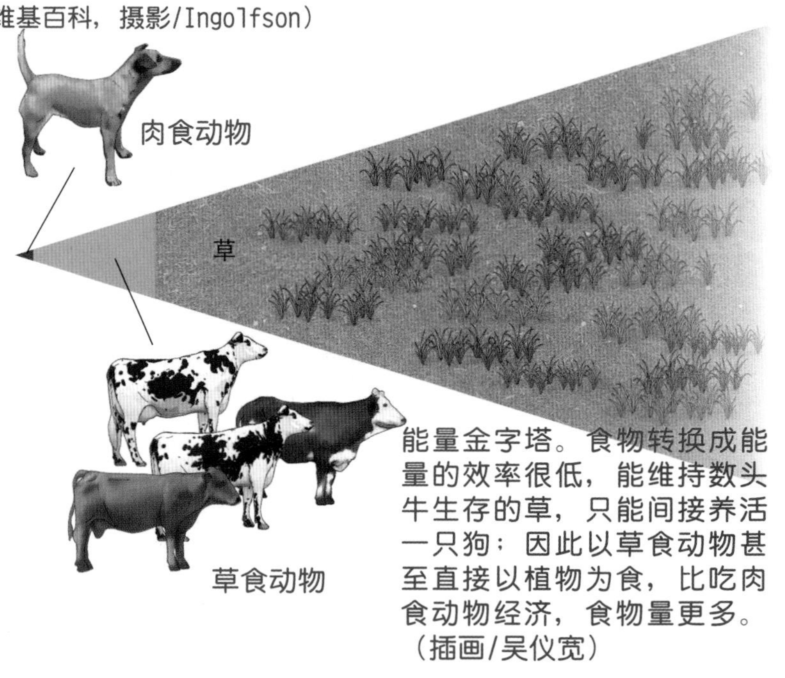

能量金字塔。食物转换成能量的效率很低，能维持数头牛生存的草，只能间接养活一只狗；因此以草食动物甚至直接以植物为食，比吃肉食动物经济，食物量更多。（插画/吴仪宽）

供食用的禽畜

不是每种动物都适合圈养食用，而是以大型的草食或杂食动物为佳。因为食物链间的生物质量转变效率大约只有1/10，换句话说，1万公斤的草料可以喂养出约1,000公斤的牛，而这1,000公斤牛肉只能喂养出100公斤的肉食动物；从能量金字塔的角度来看，以肉食动物作为人类肉食来源的效率太低、不经济。人们驯养肉用的动物，以牛、羊、猪、鸡等为主。羊的驯化大约是在12,000年前的西南亚，猪大约在11,000年前的中国，而牛的驯养分别在1万年前的西南亚、印度及北非，鸡则是在8,000年前的亚洲东南部。

香肠的历史悠久，东西方都有，匈牙利还在秋季举行香肠节。图为手工灌制香肠的情景。（图片提供/维基百科，摄影/Szalai Laszlo）

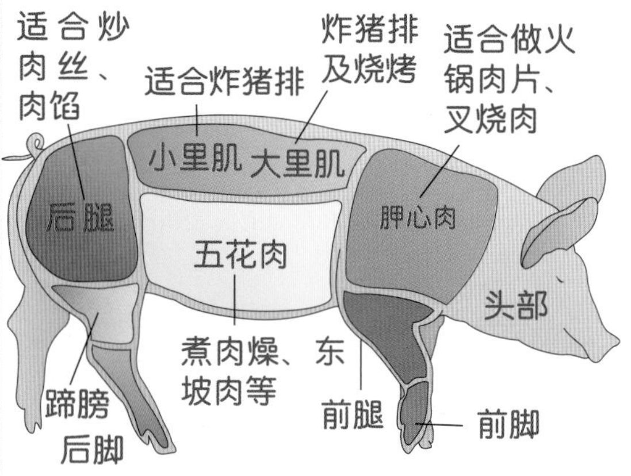

猪肉部位图。（插画/穆雅卿）

乳、蛋及其他

除了动物的肉之外，哺乳动物的乳汁以及鸟类的蛋，也是优良的蛋白质来

产下小牛的母牛会分泌乳汁，称为泌乳牛，乳汁会持续分泌至下次怀孕的末期。图为传统式的挤牛乳。（图片提供/达志影像）

源。事实上，动物持续生产乳汁及蛋所提供的食物总量，比宰杀所得的肉要高出许多倍。乳汁最常被拿来饮用的是牛及羊，视环境的不同，某些地区会喝马及骆驼的奶，中国西藏还有牦牛奶，北欧则有驯鹿奶；乳汁还能做成乳酪保存。主要为人类提供食用蛋的鸟类是鸡，及鸭、鹅、鹌鹑和鸵鸟等。除了肉、奶、蛋，动物的内脏也可以食用，例如猪心、牛肚、鹅肝等。人们不吃的部分还可以制成肥料或饲料，增加农业与畜牧业的生产量。

古埃及人就已发现过度喂养的鹅或鸭，肝脏会变得肥大，肥鹅肝可加工制成鹅肝酱。（图片提供/GFDL，摄影/David Monniaux）

蜂蜜

驯养蜜蜂的起源至今仍不清楚，但至少可追溯到5,000多年前。蜜蜂是社会性昆虫，人们了解蜜蜂的生活史后，就设置人工巢箱，并协助蜂王分巢建立新族群。巢箱可以携带，养蜂人依不同果树开花的季节，把巢箱移到有蜜源的地方，蜜蜂采蜜的同时也可协助授粉。收成时，利用烟熏赶出蜜蜂，然后取出蜂巢隔板采集蜂蜜。蜂蜜是早期重要的甜味来源，蜂胶、蜂蛹、蜂王浆、蜂蜡及花粉也都可以利用。

从人工巢箱抽出的巢框上，有蜂巢组成的巢脾，上面聚集着工蜂。（图片提供/GFDL，摄影/Waugsberg）

左图：蛋鸡有产白色蛋的白色来亨鸡系，以及产褐色蛋的洛岛红、新罕布什尔等。图为中国西宁的养鸡场。（图片提供/达志影像）

单元3

毛用动物

（雅典高脚浅杯上画的披豹皮青年，约公元前490年。图片提供/维基百科，摄影/Bibi Saint-Pol）

人类的毛发进化得愈来愈少，但也学会从动植物取得纤维或毛皮来包覆身体，除了可以减少外力伤害、避免虫咬，寒冷时还能保暖，提升人们对各种气候环境的适应力。

下图：羽绒外套是寒冷气候下的保暖利器。（图片提供/维基百科，摄影/Pierre Lascott）

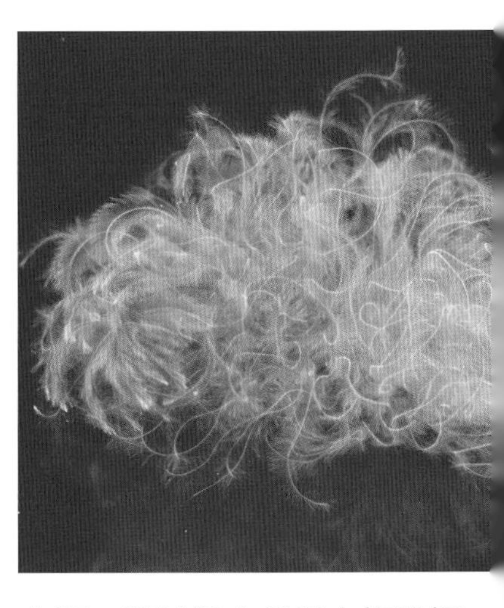

上图：羽绒是由多根小软羽辐射组合而成，轻柔保暖；水禽类的羽绒才有保温和散热的效果。（图片提供/达志影像）

毛

哺乳动物才有毛，有的可以用来编织衣物，鸟类的羽绒也是良好的保暖工具。衣物能够保暖，主要是因为在皮肤与外界之间隔出一个绝缘空气层，可减少空气对流，以及降低由体表传导到外界的热能散失。哺乳动物的毛有卷曲度，能彼此交错而紧密结合，越长越细的动物毛，绝缘效果越好也越保暖。因此人们培育各种有细长体毛的动物，例如绵羊、山羊及兔子等，在南美洲则驯养骆马及羊驼，可

冰岛上剪绵羊毛的情景。通常在春夏之交剪羊毛，目前已知电动剪羊毛最快的纪录，每只羊不超过40秒。（图片提供/GFDL，摄影/Jona Porunn）

生产出高级毛料。至于羽绒，则多半是饲养鸭鹅的副产品。

美国亚利桑那州商店里陈列的蛇皮靴。（图片提供/GFDL，摄影/Greg O'Beirne）

皮

皮革的主要成分为蛋白质，结构坚韧且富有弹性，可制成皮衣、皮包、皮带、鼓面以及绳索等，还可用来包裹物品。皮革需要经过鞣制，才能防腐并增加弹性，否则容易硬化、皲裂。现在最常见的皮革为牛皮，另外还有羊皮、猪皮、鹿皮以及袋鼠皮等。除哺乳动物之外，鸵鸟皮、鳄鱼皮、蛇皮甚至鱼皮，也都有人利用。除了分开利用的毛和皮，人们也驯养狐、狸或雪貂等动物，可获得连皮带毛的皮草，御寒效果良好，但价格极为昂贵。

生皮必须鞣制才会成为耐用的皮革，包括浸灰、脱灰、铬鞣等步骤；古埃及人已使用含单宁酸的植物汁液制革。图为摩洛哥的制革厂。（图片提供/达志影像）

蚕丝

蚕是鳞翅目的昆虫，幼虫以桑叶为食，在多次蜕皮成为终龄幼虫后，会吐丝结茧，然后在茧内化成蛹，人们便采收蚕茧以获取蚕丝。每个蚕茧都由单一蚕丝缠绕而成，直径约10微米，长度可达900米，重量轻而且保暖性、透气性都非常好，温暖或寒冷的气候下都可以使用。除了制作衣服及被毯外，蚕丝还可当作画布。蚕丝的主要产地在中国，5,000年前中国人就驯养了蚕，在中国历史中，蚕丝制成的丝绸，一直是与西亚、北非及欧洲贸易的主要货物之一。

正在煮蚕茧、缫丝的土耳其人；图左侧有已缫好绑成束的蚕丝。（图片提供/GFDL，摄影/Georges Jansoone）

单元4

役用动物

（斯里兰卡的皮尼瓦拉大象孤儿院，这里收养的象不必劳动。图片提供/维基百科，摄影/Wouter Hagens）

人类不算是特别有力量的动物，无法担负太吃重的劳动，在驯养大型哺乳动物后，便利用它们的劳力完成许多工作，对人类文明的发展非常重要。

单峰驼分布在北非、中东和印度，图为印度的单峰驼。（图片提供/维基百科，摄影/Vinod Panicker）

运载与乘骑

小型动物力量不足，所以提供劳力的主要是大型哺乳动物。它们力量强、耐力佳，可协助载运货物或供人骑乘，不但拓展了人类的活动范围，还可进行物资的贸易交换，促进社会的发展。最常协助搬运及骑乘的动物，有牛、马、驴等，以及适应干燥环境、有“沙漠之舟”之称的骆驼。马大约6,000年前在中亚地区开始被驯养，它们负重量大、速度又快，除了提供日常生活的劳力，骑兵与战车在历史上也扮演了关键性的角色，影响深远。

牦牛栖息在海拔4,300—6,100米的青藏高原，除了提供劳力、肉、奶，粪便可作燃料，毛可织成帐篷。图为尼泊尔的牦牛。（图片提供/达志影像）

狗的特殊任务

虽然狗的体型不如大型草食动物，但是很少动物能像狗一样协助人们如此多样的工作。除了本身的特性，狗经过人类长久的驯养与配种，有许多适合特殊作业的品种，例如狗有领域性，可以充当守卫；有灵敏的嗅觉，可以训练为缉毒犬或搜救犬。一些性格稳定又聪明的狗则有机会训练成导盲犬，其他还有警犬、牧羊犬以及各式各样的猎犬等。

第一次世界大战时德国首先训练导盲犬，帮助盲眼的退伍军人。导盲犬的工作是帮助盲人行动，避开危险。（图片提供/维基百科，摄影/Antonio Cruz）

拖曳与牵引

随着各项工具的发明，人们使用动物劳力的方式也变得更多元且有效率。例如轭具及轮车，让役用动物的搬运量更大、速度更快；另外，人们也让牛或马拉动犁具来协助犁田耕作，还会利用马、驴、牛或是骆驼来推动石磨或水车，对于农业的发展很有帮助。虽然现在科技发达，机器动力取代了大部分的动物劳力，但在汽车不易行进的地方，动物仍能帮大忙。例如南美洲安地斯山脉的骆马、中国西藏的牦牛、在东南亚协助开发森林并搬运木头的亚洲象，以及在北极圈拉雪橇的驯鹿和狗等。

在希腊科孚岛，一位妇人骑在载着干草的驴子上。（图片提供/维基百科，摄影/Thomas Schoch）

目前仍有很多地方以畜力耕田，图为上埃及地区的牛耕。（图片提供/达志影像）

雪橇狗队通常以8只狗排2纵列。（图片提供/GFDL，摄影/Jonathunder）

助猎动物

（中国云南省的渔夫与驯化的鸬鹚，图片提供/维基百科，摄影/My Hobo Soul）

早期人类主要以渔猎或采集维生，因此很早就开始驯化动物来协助这些生产工作；其中狗是最早的驯化动物，时间可追溯至上万年前。

捕鱼打猎的伙伴

助猎动物本身若是掠食者，通常具有敏锐的感官。例如狗有灵敏的嗅觉和听觉，可以帮忙寻找猎物的踪迹，或是担任警戒、侦察；当人们猎捕动物时，狗还可以协助控制猎物，或是迫使猎物出现，让人容易得手。在中国新疆及中东地区驯养的猎鹰，则有敏锐的视觉，可以飞到空中，寻找、捕捉草原上的动物，小如老鼠、兔子，大可至小山羊。

公元前8世纪在中东地区已有鹰猎活动。图为古书上画的西方贵族狩猎情景。（图片提供/达志影像）

猎犬依功能可分为拾猎犬、向导犬等，拉布拉多便是一种拾猎犬。图中的猎犬衔回一只红头潜鸭。（图片提供/维基百科，摄影/Blaine Hansel）

有些地方的猎物不容易捕捉，这时就需要身怀绝技的动物来帮忙了。例如身体细长又灵活的雪貂，可以钻地洞捕

米格鲁是一种小型猎犬，通常用于猎兔。图为消遣性狩猎的队伍。（图片提供/达志影像）

捉兔子；中国南方驯养的鸬鹚，可以潜水到超过3米的深度捕鱼，是当地渔民的重要帮手。

与人类合作的野生动物

除了人类训练的驯养动物，有些野生动物也会和人类合作，在帮助人类的同时，自己也得到食物。例如非洲有一种鸟叫蜜鴷，喜欢吃蜂巢的蜂蜡及里面的幼虫，可是无法自行挖开蜂巢，因此会引导人或蜜獾到它发现的蜂巢，等人们采收完野蜂蜜之后，蜜鴷就可以大快朵颐。在南美洲及非洲，有的野生瓶鼻海豚会将鱼群赶到浅水区，等渔民撒网捕鱼后，它们再吃周围逃掉的鱼。

向蜜鸟科里有两种鸟会做蜂蜜向导，图为大蜜鴷雄鸟，正站在蜂巢附近。（图片提供/达志影像）

猪尾猴分布在南亚与东南亚的热带雨林，人们通常训练雌猴和幼猴摘椰子。（图片提供/达志影像）

采集食物的帮手

除了帮忙捕猎，动物还可以协助人们采集食物，这些动物通常有特殊的能力。例如东南亚的泰国、马来西亚等地，人们训练当地的猪尾猴爬上高大的椰子树摘椰子，一天能摘上千颗，人们在树下就可以坐享其成，省去爬树的危险。在欧洲，松露是生长在林地底下的珍贵蕈类，可深入土中达30厘米，不易被发现，因此松露猎人便要靠雌猪来帮忙寻找，因为松露的气味会吸引雌猪，不过贪吃的猪有时会把珍贵的松露吃掉，所以现在也训练狗来寻找松露。

法国的松露猎人，带着猪寻找松露；法国的黑松露与意大利的白松露评价最好。（图片提供/达志影像）

单元6

比赛动物

（古书上画的马球活动，约在1546年。图片提供/维基百科）

古今中外，人类都常拿动物来比赛，成为一种娱乐，或是赌博。如同人类的比赛，动物比赛也往往是比力气、比速度，因此有打斗习性或行动快速又适合饲养的动物，就成了最佳的比赛选手。

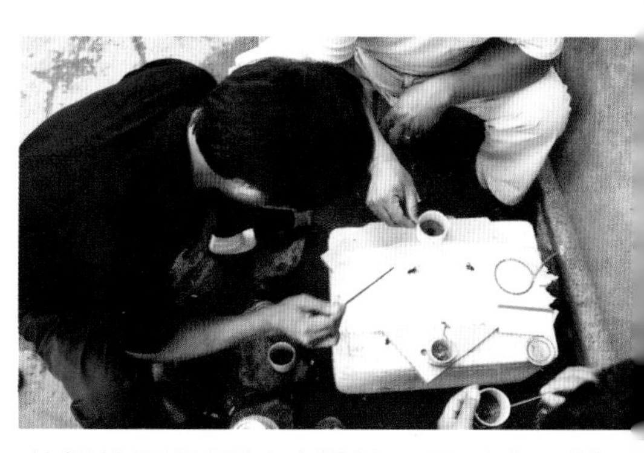

养蟋蟀不只可以斗蟋蟀，平时也可以听虫鸣。鸣声其实是前翅摩擦的声音。（图片提供/达志影像）

打斗的动物

许多雄性动物为了争夺地盘或交配权会以打斗一决高下，人们就利用这种天性让动物打斗比赛，并培养训练好斗的品系。例如中国春秋时期就已相当盛行的斗鸡，在约公元前5世纪传入欧洲。其他常见的还有斗蟋蟀、斗鸟以及斗狗等。用来斗狗的犬种通常咬合力大、强壮且有耐力，可持续打斗超过1小时。动物的打斗比赛，败者不像在野外有空间可以逃躲，在持续被攻击下常造成严重的伤害，因此许多国家已明文禁止，例如2007年美国通过的《禁斗动物管制条例》，就严惩斗鸡、斗狗等比赛。

美国比特斗牛犬是特别培育成斗犬用的犬种，性格较好斗、顽固。（图片提供/GFDL，摄影/Dante Alighieri）

竞速的动物

陆上擅跑的动物最容易选来比速度，人们甚至为此培养出专门竞速的品种；例如17—18世纪左右，在英国培养出一种专门用来赛马的品种，现代赛马绝大多数有这品种的血统。除了赛马，中东流行的赛骆驼以及欧美盛行的赛狗也都颇具规模，后者通常是以灰狗进行比赛。天上飞的鸟类也可以竞速，人们利用鸽子会归巢的习性进行赛鸽，比赛时，将所有参赛鸽子挂

人类参与的动物比赛

动物比赛虽然是动物之间的竞争，但某些赛事也有人类参与。例如赛马、赛骆驼是由骑师控制方向与节奏，动物与骑师配合得宜才能跑出好成绩；马球是人骑马并以球棍将球击入球门的球赛，比赛主体是人，但被骑乘的马也是胜负关键。至于公元前便有记录的斗牛，则是人和动物之间的对决，斗牛士与助手们手持武器及布幕，轮流在竞技场与专门用来斗牛的公牛搏斗，牛展现了力量，但最后仍由人类获胜，虽然如此，仍不时有斗牛士伤亡。

西班牙马德里举行的斗牛。（图片提供/维基百科，摄影/Manuel Gonzalez Olaechea y Franco）

亚洲、欧洲、美洲都有斗鸡比赛，参赛鸡被悉心照顾并训练，赌客则热衷于下注。图为多米尼加的斗鸡场。（图片提供/达志影像）

上计时用的电子脚环，载送到远处的放飞点统一放飞，鸽子回到自己的鸽舍后，主人将脚环取下放入计时器计时，然后以距离除以时间，计算速度决定胜负。

骑手直接驾驭马匹是赛马最古老的形式，另外还有驾马车的比赛。图为跑道不设障碍物的平道赛马。（图片提供/GFDL，摄影/Fir0002）

赛骆驼在中东颇为风行，卡塔尔甚至视为国粹。骑师必须在27公斤以下，过去都由儿童担任。图为在迪拜举行的赛骆驼。（图片提供/达志影像）

单元7

表演动物

（表演完的食蟹猴向观众收集铜板，图片提供/GFDL，摄影/Hariadhi）

有的动物表演是让动物模仿人类的行为，有的则利用动物的本能演出；然而要让动物依照人的意思表现出特定行为，最重要的是训练。

摩洛哥中部城市马拉喀什街头的杂耍表演，有乐器演奏、弄蛇人及猴子。（图片提供/达志影像）

哪些动物会表演

动物表演除了具有娱乐性，也可以让民众心理上更亲近动物。野生动物表演大多需要从小训练，但因为圈养的野生动物繁殖不易，往往从野外非法捕捉并走私，捕捉幼兽时常会杀死亲兽，走私时又会有部分动物死去；此外，野生动物也不易饲养及训练。基于这些问题，现在除了动物园或海洋世界，已少有野生动物的表演。目前较容易看到的动物表演，较偏重猫、狗及鹦鹉等驯化动物，有些甚至成为动物明星，变成电影或电视里的动物主角。

老鼠也被训练来做表演，图为中国湖北省一位老艺人正在指挥老鼠表演。（图片提供/达志影像）

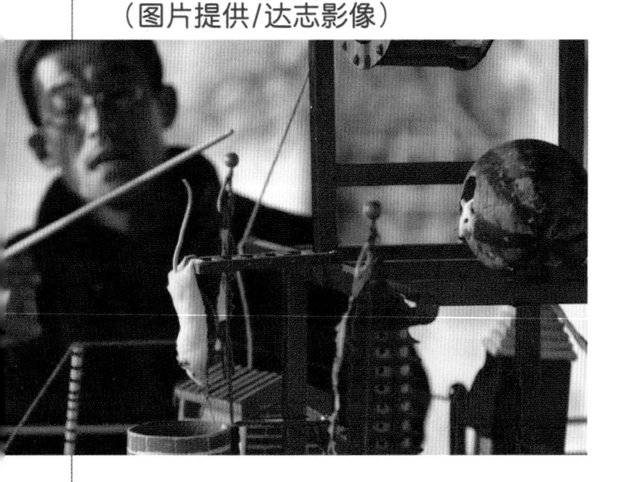

响片训练使狗能将指令与奖励联结，让训练更有效。图为正在受训的澳大利亚牧羊犬。（图片提供/GFDL，摄影/Elf）

电影中的动物明星常会影响人们对动物的观感。图为《猪宝贝》剧照。（图片提供/达志影像）

训练动物的方式

动物行为学与心理学是动物训练的基础。根据研究，动物（包括人类）的行为会受到奖励或惩罚事件的影响。传统的训练以惩罚为主，让动物畏惧或不快而服从命令，但效果欠佳。现代心理学的学习理论，则以奖励方式来增强动物的特定行为，更有效而且更安全。将奖赏伴随简短的声音等信号，以达到制约效果，称为“响片训练”，常应用于动物训练与行为矫正。更进步的是称为社会典范的学习训练，让动物借由观察，学习表达其心智的能力。

西班牙的巴黎马戏团里，受训的年轻狮子与训练师闹着玩。（图片提供/达志影像）

马戏团

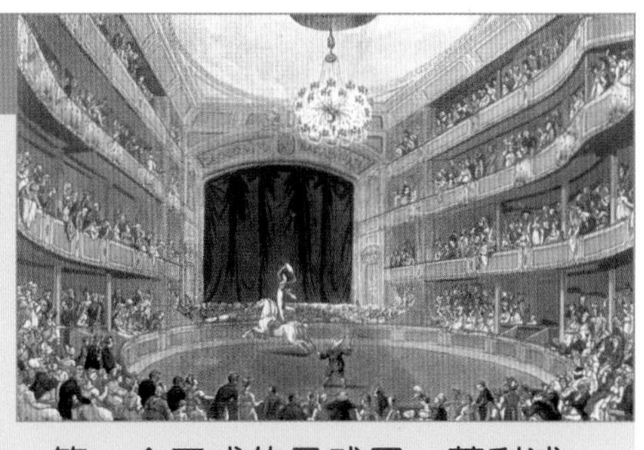

第一个正式的马戏团：菲利浦·艾特雷于1768年在伦敦成立。（图片提供/维基百科）

过去将动物表演视为杂耍特技的一环。中国汉代就出现了有关马的表演，到了唐朝则有训练猴子爬绳、攀竿的猴戏，甚至演变成街头的技艺表演。第一个正式的马戏团在公元1768年成立于英国伦敦，他们将表演场地建成圆形，并规划完整的表演节目，包括大象、老虎、熊等大型野生动物的表演。然而野生动物不易训练，训练方法往往十分残忍，再加上饲养困难，在社会舆论下，马戏团已逐渐舍弃这类演出，转型为以人的特技为主，并强调戏剧及音乐的综合艺术。

美国海军的海洋哺乳动物专案计划（NMMP），训练海洋哺乳动物进行水下任务，包括寻找矿脉、运送装备等，从越战到美伊战争都很活跃。图为瓶鼻海豚。（图片提供/达志影像）

单元8

医疗动物

（特别培育的无毛品系实验用鼠，图片提供/维基百科，摄影/Steve Jurvetson）

除了食物以及劳力，人们还从驯养动物身上得到许多生物知识，并找到治疗疾病的方法。也因为与人类关系亲密，它们可成为陪伴并抚慰我们心灵的好朋友。

鸡蛋胚胎培养是较传统的流感疫苗制作法，一颗受精卵可制造约两人份的疫苗。（图片提供/达志影像）

实验动物

科学研究需要进行观察和实验，而生命科学经常需要做动物实验，这是因为人类与动物有相同祖先，构造上有类似之处，例如借解剖动物来认识生理构造，或是训练老鼠做记忆实验，以了解大脑的运作方式，还有细胞遗传学上的克隆羊研究等。此外，应用医学的疫苗和组织器官移植也需要利用动物，例如流感疫苗是用鸡蛋培养；猪皮制作的人工皮肤常用来协助烧烫伤的复原。实验动物经常被注射药物及病原体，或进行外科手术并长期追踪观察，饱受痛苦，因此这些实验也就备受人道团体抨击。

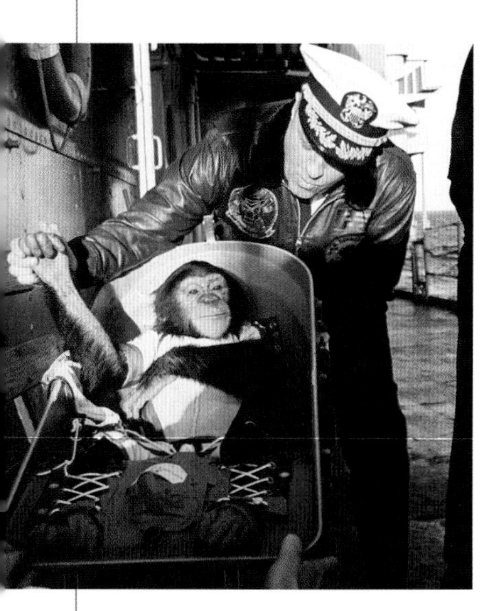

汉姆是第一只太空黑猩猩，在1961年1月31日升空并安全返航。黑猩猩是人类的近亲，因此被用来测试太空舱的安全性。（图片提供/达志影像）

动物辅助医疗

虽然动物辅助医疗的效果尚未被确认也不普及，但许多报告显示动物的陪伴对患者身心都有助益。例如通过触摸或与动物说话的方式，可降低患者的血压；让脑瘫患者骑马作康复治疗，在生理方面会促进平衡感与动

到儿童病房探视住院病童的“狗医生”，是目前接受度较高的动物医疗方式之一。（图片提供/达志影像）

作协调性，在心理上因为和马及其他人的互动，能加强自信心、社交技能和治疗意愿。近年来美国也有教育辅助犬的计划，例如利用狗伴读，可以让儿童为了念书给狗听而增加学习动机，借此改善阅读技巧，甚至可以帮助有语言障碍的孩子。目前动物医疗较常应用在老人陪伴，患者安抚、康复以及生活辅助等，参与辅助医疗的动物与患者都要经过评估和训练，并与专业人员合作，审慎评估后才进行医疗。

动物与中药

中医药不完全是草药，也有以动物入药的，例如雄鹿的角每年都会脱落重新生长，新生的鹿角是软组织，在硬化前切割下来，就是“鹿茸”。以中国山东东阿县井水熬煮驴皮制成的“阿胶”，被认为是可与人参、鹿茸并列的补血药。其他像动物的胆汁、骨头等部位都可制成中药，然而像胆就带毒性，因此使用任何中药最好由中医师开处方。有些中药材取自濒临绝种的野生动物，例如犀牛角、虎骨、麝香等，基于华盛顿国际贸易公约的保护而禁用。

马鹿的鹿茸。较常圈养以取鹿茸的鹿有马鹿、梅花鹿、水鹿等。（图片提供/达志影像）

左图：陪伴脑瘫儿童的谢德兰迷你马。马和狗是最常训练来辅助病患的医疗动物。（图片提供/达志影像）

单元9

狗和猫

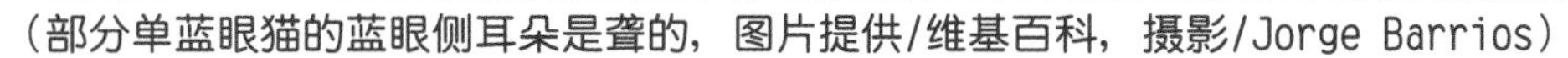
（部分单蓝眼猫的蓝眼侧耳朵是聋的，图片提供/维基百科，摄影/Jorge Barrios）

因为大型肉食动物有危险性，食用上也不经济，因此驯养动物大多为大型草食动物。然而仍有些小型肉食动物可以驯养，其中以狗和猫的驯养历史最悠久，发展至今，成为最普及的宠物，并培育出许多品种。

狗的肢体语言表达出它的心情。（插画/施佳芬）

忠心耿耿的狗

狗可能是最早被驯养的动物。它们的听力良好、嗅觉敏锐，而且与其祖先“狼”一样，具领域性并高度社会化，可以训练听从人类的指挥。狗在早期用来协助狩猎，后来也成为优秀的守卫，现在则是最普及的宠物之一。经过至少11,000年的驯养历史，人们已经培养出数百个品种的狗，有仅十几厘米高的吉娃娃，也有体重超过80公斤的獒犬。但分子生物学的研究显示，尽管品种众多，狗与灰狼的血缘关系仍然非常接近，目前分类学上将狗视为狼的亚种。

飞盘狗运动自70年代早期开始发展，能增加狗的运动量、增进与主人的默契；也有特制的狗飞盘。（图片提供/维基百科，摄影/Arthur Mouratidis）

优雅神秘的猫

家猫起源于近东地区，在9,000前塞浦路斯的墓坑，就发现了与人合葬的猫骸骨；埃及也有

4,000前的猫木乃伊，古埃及神祇贝斯特的形象便是猫。猫的夜视能力良好而且听觉灵敏，能灵活转动的耳朵可以收集不同方向的声音，对高频声也非常敏感；猫胡须根部有敏感的神经，帮助它们在弱光下辨识环境；脚底的肉垫让猫走路时没有声音。这些特色让猫成为成功的猎者，当人类社会进入农业时代而开始囤积谷物时，猫便用来猎捕偷吃粮食的老鼠。猫舌上有许多尖刺，进食时能舔下肉块，也能在舔毛时除去脱落的毛。猫的品种繁多，例如长毛的波斯猫、小耳的折耳猫等。

猫也被培养出各式外形与颜色。图为美国密苏里州的流浪猫。（图片提供/维基百科，摄影/Scott Granneman）

猫舌上有许多尖刺，吃肉和清洁毛皮时都很有用。（图片提供/维基百科，摄影/Pam Beesley）

宠物相关的服务业

现代人饲养宠物，可不是喂饱它们就好，因此相关的宠物服务业纷纷出现。除了动物医院和一般的宠物店，还有替宠物上课的宠物学校；若有旅游、搬家等暂时无法照顾宠物的情况，除了拜托亲友，也可送到宠物旅馆；在美国纽约有人提供遛狗的服务，为狗主人减轻负担，有的还强调让同种的狗一起散步，给宠物交朋友的机会。此外，在天气炎热的地方，替宠物修毛不仅凉爽也可维持皮肤健康，宠物美容院除了提供修毛和剪指甲等服务，还设计衣饰、染色等造型。

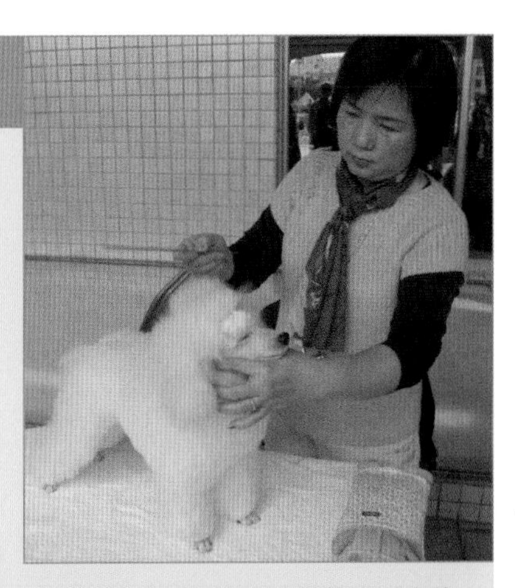
宠物美容院的美容师正替贵宾狗梳理毛。贵宾狗原是到水中找猎物的犬种，为了游泳方便而剪毛，如今是为了美观。（图片提供/廖泰基工作室）

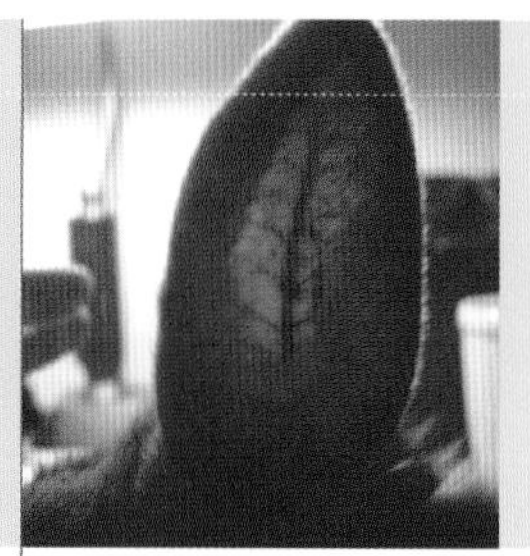

单元10

小型哺乳动物

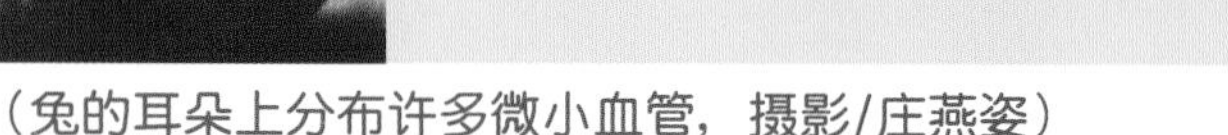
（兔的耳朵上分布许多微小血管，摄影/庄燕姿）

小型动物的体型小，经济价值较低，因此大多晚近才被驯化。驯养的小型哺乳动物以兔和啮齿类为主，除了供食用和提供毛皮，也常作为实验动物。因为对空间需求较小，成为热门的宠物。

兔子

兔子最早由欧洲人所驯养，中古世纪的罗马人圈养野生穴兔，食用并取毛皮。大约16世纪时开始有人工选殖的记录，目前已经有数十个品系，例如安哥拉兔、迷你兔、垂耳兔等。

兔子最明显的特征就是那对长耳朵，除了容易收集声音让听觉更灵敏外，因为布满毛细血管，还可以协助散热。长门牙也是兔子的特征之一，事实上兔子有两对上门牙，不过要很仔细看才观察得到。此外，兔子尾巴短而且后脚长，适合跳跃以及迅速奔跑。兔子有两种粪便，夜晚排出的软粪是盲

欧洲兔是家兔的祖先，社会性强，被引入许多地区，例如澳洲。（图片提供/GFDL，摄影/Thermos）

磨牙与滚轮

虽然小型动物对空间的需求较小，适合现代人狭小的居住空间，但在饲养上仍有许多要注意的地方。例如啮齿动物及兔子的门牙会一直生长，因此需要准备东西让它们磨牙，可放些新鲜无毒的树枝或是较硬的饲料，宠物店也可买到专用的磨牙棒。另外，因为饲养的空间较小，可装置网架、平台或弯曲的通道，让动物攀爬或穿梭，以增加饲养空间的利用。笼子内的木屑或垫料要记得定期更换，以保持居住环境的清洁。当然运动也不可少，滚轮是让各种鼠类运动最简单的方式之一。选购或设计滚轮的时候，要注意跑道不要有空隙，以免卡住四肢而受伤；滚轮的材质也要够坚固，不然很快就会被咬坏；并以食用油润滑，避免影响宠物的健康。

正在滚轮上运动的白色仓鼠。仓鼠是普遍的宠物与实验动物。（图片提供/维基百科，摄影/Kol）

肠半消化的产物，含有必要的营养及微生物，兔子会把这种粪便吃掉，再吸收一次。

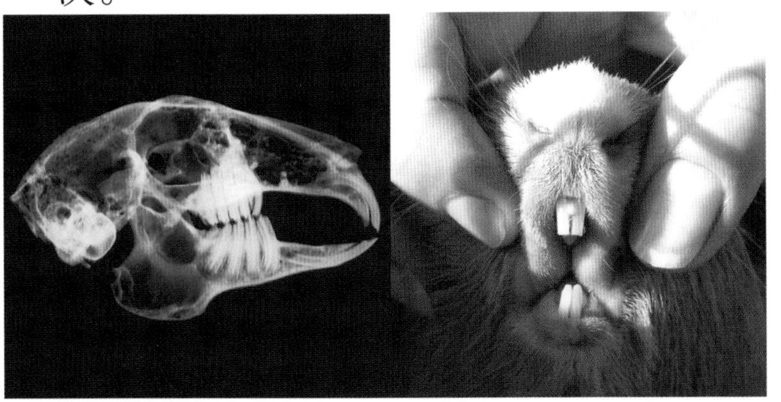

兔形目包括兔、野兔、鼠兔，都有两对上门牙。图为兔头骨的X光照片。（图片提供/达志影像）

天竺鼠的门牙。啮齿类与兔的门牙都会持续生长。（图片提供/维基百科，摄影/Steven Lek）

鼠

啮齿目动物种类繁多，除了天竺鼠驯养时间较早，可追溯到7,000年前，其他物种在19世纪后才陆续被驯养。天竺鼠为豚鼠科，13世纪时就是南美洲印第安人的肉食来源，性情温和，17世纪后变成受欢迎的宠物。大鼠约在200年前驯养，最早是作为训练猎狗的活饵，后来广泛应用于科学实验上；为了实验使用，人类又培养出许多具有特殊基因组合的品系，例如常见的白老鼠。至于其他啮齿动物的驯化时间，例如仓鼠、沙鼠，以及原产南美洲高山、毛皮柔软的绒鼠，则是在20世纪。

秘鲁的原住民至今仍饲养天竺鼠作肉食来源。（图片提供/GFDL，摄影/R. Kessenich）

意大利的癌症研究中心里，1,000多只老鼠将暴露在移动电话电磁波中3年，观察它们是否因此患癌或生病。（图片提供/达志影像）

单元11

常见的笼鸟

（锦华鸟，左为雌鸟，右为雄鸟。图片提供/GFDL，摄影/Luis Miguel Bugallo Sanchez）

驯养鸟类除了食用的家禽、通信用的家鸽，还有许多外形或鸣声特殊的宠物，例如金丝雀、鹦鹉、八哥及文鸟等。

鸟羽、鸟语

羽毛是鸟类特有的构造，可以帮助鸟类维持体温，更是飞行的重要器官。有些鸟类的羽毛颜色和形状相当多变而富观赏性，例如常见的虎皮鹦鹉、金刚鹦鹉、七彩文鸟等。

除了羽毛，鸟类的鸣唱声更是多变，许多鸣禽

画眉是最常被养来欣赏鸣唱的鸟种之一。图为在中国江苏省举行的鸟类歌唱比赛。（图片提供/达志影像）

鸟类会说话吗

人类的发声，需要舌头、牙齿、嘴唇以及鼻腔等构造的高度协调控制，因此没有其他哺乳动物可以发出像人类语言那么精准的声音。但鸟类的鸣管有非常复杂的构造，包括数条肌肉、结缔组织、软骨等，能发出非常精巧的声音，也因此可以精确地模仿。例如鹦鹉及鹩哥，就非常擅长模仿人说话，像是主人的口头禅或是常常听到的广播对白，有些人还特意训练宠物鸟讲特别的句子。目前的研究认为，鹦鹉或八哥只是单纯的模仿声音，并非真的理解人类的语言，但也有人提出不同看法的研究报告。

非洲灰鹦鹉以擅学说话闻名，动物语言研究常以它们为研究对象。（图片提供/维基百科，摄影/Jonathan g wang）

鸟类发声器官鸣管的位置。（插画/吴仪宽）

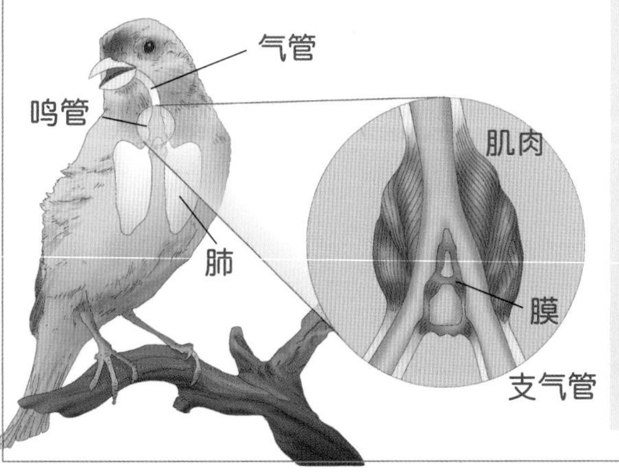

还具有学习的能力。鸟鸣唱的目的很多，包括警戒、求偶、宣示领域等；其发声构造位于气管和支气管交界处，称为鸣管，不像哺乳类主要是借由喉头的声带发声。善于唱歌的宠物鸟有画眉及金丝雀等，鹦鹉及八哥则有模仿声音的能力。

红色金丝雀要另外补充胡萝卜素，才能维持鲜艳的色彩。（图片提供/达志影像）

常见的宠物鸟

鹦鹉是最常见的宠物鸟之一，种类繁多而且分布范围广泛，从体长约15厘米的牡丹鹦鹉，到体长达80厘米的金刚鹦鹉，差异很大；各种鹦鹉的驯养历史不一，但在几千年前的埃及和罗马就有以鹦鹉作宠物的记录。另外，文鸟等雀类也常出现在人们的家庭。文鸟原名爪哇禾雀，有许多品系，最常见的是白文鸟；其他雀类还有十姐妹、锦华鸟、橙颊梅花雀等。

阿富汗女孩开心地抱着鸡，家禽有时也会与主人建立亲密的关系。（图片提供/USAID）

有些人也将鸡、鸭、鹅等家禽作为宠物，其中鸭和鹅的幼鸟有“铭印”行为，会将刚孵出的几个小时内看到的东西认作妈妈，紧紧跟随。

虎皮鹦鹉原产于澳洲草原，因身上的黑色条纹得名。除了原有的绿色，也被培育出许多色彩：黄色、蓝色、白色、紫色等，常是养鸟人士选择饲养的第一只鹦鹉。（图片提供/维基百科，摄影/anna saccheri）

（野生鲤鱼，图片提供/维基百科，摄影/Piet Spaans）

单元12

常见的水族动物

生活在水中的鱼类及无脊椎动物都属于水族动物，有的被养殖作为食物，例如吴郭鱼、牡蛎等，也有很多外形迷人、被养来观赏的物种。

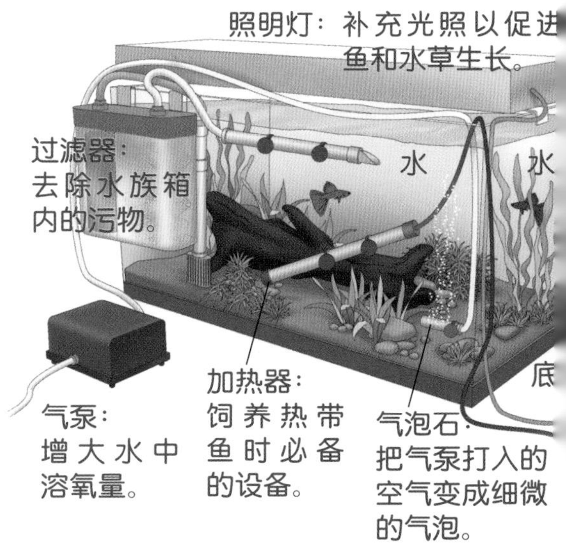

一般水族箱的设备。（插画/吴仪宽）

水族动物与水族箱

4,000多年前人们就会建造水塘养鱼以供食用，后来才慢慢发展出观赏用途。早期人们将鱼饲养在池塘或陶瓶里，到了17世纪开始有玻璃水缸的记录。水族箱是一个封闭环境，水族动物吃剩的食物以及排泄物，都会让水质恶化，因此要维护一个水族缸，最重要的就是保持水质的稳定。稳定水质的方法包括换水、培养硝化细菌、加装过滤设备等；此外，打气增加水中溶氧量，以及利用加温棒或冷却器维持水温也非常重要。

孔雀鱼原产于委内瑞拉，体型小而色泽美丽、尾鳍形状多变，适合观赏又容易饲养，相当受欢迎。（图片提供/达志影像）

两栖类因为需要潮湿的环境，也被归类在水族动物。角蛙是最普遍的宠物蛙，图为美国大种角蛙。（图片提供/维基百科，摄影/Melanie Milliken）

多彩多姿的水族世界

水族动物依生活水域可分成淡水动物和海水动物两类。淡水动物的种类较容易照顾，也较常见，例如金鱼、锦鲤、斗鱼、孔雀鱼等。孔雀鱼是胎生鱼类，外形和色彩多变又容易饲养，因此也是进化生态及行为研究常用的物种。水族缸中也可饲养无脊椎动物，既维持清洁，也增加趣味，例如吃藻类的苹果螺、清除有机碎屑的黑壳虾等。海水鱼缸要注意盐分的浓度和组成比例，较难维护；但是色彩缤纷的珊瑚礁海水生物，仍让许多人愿意细心照顾，例如雀鲷、蝶鱼、共生的小丑鱼和海葵等。此外，水族箱也可放置水草，不但美观还可营造多样的环境，让不同的水族生物得以隐匿栖息。

图为一种活额虾。这类住在珊瑚礁的珊瑚虾种类很多，体型小而颜色鲜艳，海水缸中经常饲养。（图片提供/GFDL，摄影/Seotaro）

最早的观赏鱼：金鱼

金鱼是最早驯化的观赏鱼之一。金鱼的祖先是灰色的野生鲫鱼中偶尔出现的金黄色个体，古代中国人将这些金鲫鱼挑选出来培育，在800多年前的宋朝，就有红、黄、橘色的金鱼了。大约500年前金鱼传到日本，17世纪时经葡萄牙传入欧洲。历经数百年的饲养，金鱼已经有数百种品系，颜色、外形都非常多变，例如狮子头、水泡眼、多折的双尾鳍等，加上它们适应力强、容易饲养，是世界上最广泛、最受欢迎的观赏鱼种之一。

饲养金鱼的风潮能够历久不衰，不只因为金鱼的外形，也因为金鱼对温度的适应性不错，饲养难度较低。（图片提供/达志影像）

左图：海水鱼缸可以饲养热带海水鱼、海葵、珊瑚等，缤纷美丽的景观，让爱好者愿意尽心维护。（摄影/黄丁盛）

单元13

爬行类与昆虫

（巴西乌龟又称红耳龟，图片提供/GFDL，摄影/Monika Korzeniec）

除了常见的驯化动物，还有些较特殊的宠物，例如蛇、蜥蜴、蜘蛛等，但不能太过追求稀有性而捕捉或购买濒临绝种的保护动物。

变温的爬行类

爬行类是变温动物，包括乌龟、鳄鱼、蛇、蜥蜴等。它们的体温大多无法维持恒定，会随着环境而变化，冷的时候体温降低，新陈代谢也跟着减缓，有些种类会冬眠；气温高时则活动旺盛，许多日行性物种会晒太阳以提高体温。常见的宠物种类有变色龙、球蟒、巴西乌龟、绿鬣蜥等。饲养时，草食性物种可

摩洛哥的弄蛇人与他饲养的角蝰，在眼睛上方有刺状角鳞，蛇毒为出血性。（图片提供/达志影像）

美国圣摩尼加街上，绿鬣蜥与它的主人。绿鬣蜥原产中、南美洲，是珍贵稀有的保护动物。（图片提供/达志影像）

鸽子 pigeon/dove

赛鸽 pigeon racing

隐球菌病 cryptococcosis

响片训练 clicker training

制约 conditioning

马戏团 circus

宠物 pet

猫 cat

导盲犬 guide dog

啮齿类动物 rodent

小鼠 mouse

大鼠 rat

天竺鼠 cavy/guinea pig

兔 rabbit

食粪的 coprophagous

软粪；盲肠生成物 soft feces

鸟 bird

鸣管 syrinx

铭印 imprinting

鹦鹉 parrot

水族箱；水族馆 aquarium

胎生鱼 livebearer fish

金鱼 goldfish

爬行类 reptile

蛇 snake

蜥蜴 lizard

鳄鱼 crocodile

节肢动物 arthropod

昆虫 insect

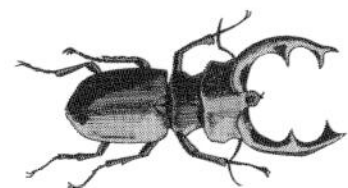

动物辅助医疗；动物医生
animal-assisted therapy (AAT)

疫苗 vaccine

动物权 animal rights

动物福利 animal welfare

新视野学习单

1 下列哪些是完全驯化的动物？（多选）

（ ）麻雀　　（ ）驴子　　（ ）家鸽

（ ）狮子　　（ ）黄牛　　（ ）白文鸟

（答案见06页）

2 下列哪个“不是”驯养动物的特征？（单选）

1.性情稳定而且温和。

2.食量大、成长速率慢又挑食。

3.繁殖行为可以被人控制。

4.人们可以掌握它们的社会结构。

（答案见07页）

3 下列哪个“不是”牛和马的特征？（单选）

1.力量强且耐力佳，能够承担耕田、拉车的重劳动。

2.肉和奶都可以食用。

3.驯养历史悠久，有数千年。

4.有细长柔软的毛，可以编织衣物。

（答案见08—13页）

4 连连看：右边的叙述符合左边哪种饲养动物？

猪尾猴・　　・在东南亚协助搬运木头、开发森林

蜜蜂・　　・可以受训练爬上椰子树摘椰子

鸬鹚・　　・适应干燥环境，有“沙漠之舟”之称

亚洲象・　　・能潜水3米协助捕鱼的鸟类

骆驼・　　・鳞翅目昆虫，结茧的丝可以制作衣物

桑蚕・　　・社会性昆虫，饲养人依季节移动人工巢箱

（答案见08—15页）

5 下列对于动物训练的叙述，哪些正确？（多选）

1.可以利用“响片训练”加强训练效果。

2.训练动物的时候，惩罚比奖励的效果好。

3.为了有最好的表演效果，可以任意捕捉野生动物以从小训练。

4.训练动物时可以用食物作为奖励。

（答案见18—19页）

6 是非题：下列关于动物与医疗的叙述，对的请打○，错的打×。

（ ）“阿胶”是利用骆驼皮熬煮出来的中药。

（ ）新生的鹿角是软组织，也就是鹿茸。
（ ）实验动物可以提供疫苗及组织器官移植的材料。
（ ）辅助医疗动物能抚慰患者，协助患者康复。
（ ）所有中药都可以治病强身，不需要由中医师开处方。

（答案见20—21页）

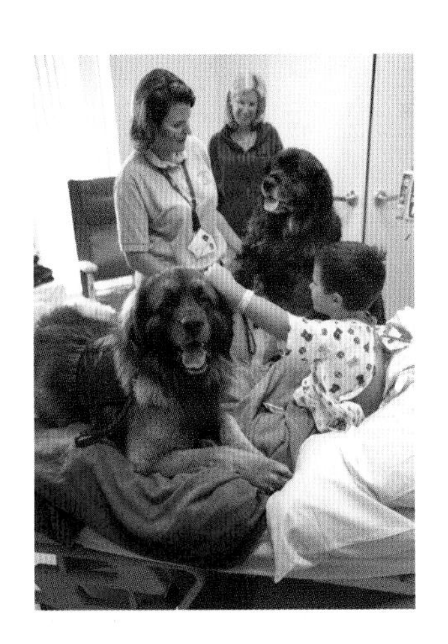

7 下列关于几种驯养动物的叙述，哪些正确？（多选）

1.狗与狼的血缘关系接近，都具有领域性且高度社会化。
2.猫的视力良好但听力不佳。
3.要阻止兔子吃自己的粪便，因为这样很不卫生。
4.仓鼠、沙鼠及绒鼠都是近百年才被驯养的。

（答案见22—25页）

8 下列关于动物的饲养，对的请打○，错的打×。

（ ）天冷时，要喂食爬行动物更多食物以补充能量。
（ ）为了让水质稳定，水族箱内的水不可以更换。
（ ）水族缸中除了鱼类，也可饲养无脊椎动物、栽种水草。
（ ）濒临绝种的保护动物非常稀有，一定要带回家饲养。
（ ）饲养昆虫前要查清楚它们的食性，并确认有稳定的食物来源。
（ ）鸟类的发声构造是鸣管不是声带。

（答案见26—31页）

9 连连看：左列的饲养动物，具有右边哪些功能？（多选）

牛·	·能协助捕捉动物
羊·	·蛋可以食用
家鸽·	·力量强大，可以提供劳力
狗·	·毛可以用来编织衣物
猫·	·肉可供食用
鸡·	·可以用来竞速的鸟类

（答案见08—31页）

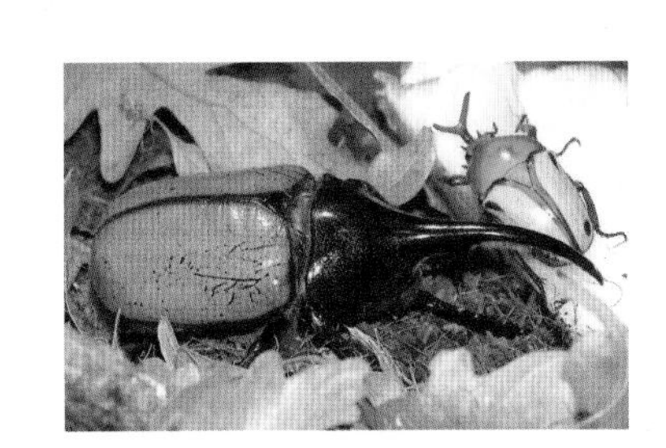

10 下列哪些是饲养及对待动物的正确态度？（多选）

1.我们要尊重生命，不可以虐待动物。
2.如果不想饲养了，可以将动物带到野外放生。
3.饲养宠物前必须评估自己是否有能力照顾、负担它们的一生。
4.想饲养宠物，除了购买，还可以领养流浪动物。

（答案见32—33页）

我想知道……

这里有30个有意思的问题，请你沿着格子前进，找出答案，你将会有意想不到的惊喜哦！

开始！

物
养
8

肥鹅肝是怎么来的？
P.09

一个蚕茧的蚕丝长达几米？
P.11

不错哦，你已前进5格。送你一块亚洲金牌。

什么动物又称“沙漠之舟”？
P.12

，赢
洲金

兔子耳朵为什么可以帮助散热？
P.24

兔子为什么会吃粪？
P.24

什么动物被训练帮忙摘椰子？
P.15

太好了！
你是不是觉得：
Open a Book！
Open the World！

哪种啮齿目动物的驯养历史最久？
P.25

松露猎人用什么动物找松露？
P.15

大洋
牌。

鸟为什么鸣唱？
P.26

天竺鼠原本是哪个民族的肉食来源？
P.25

用来斗狗的犬种有什么特色？
P.16

式的
哪里
P.19

赛狗通常以哪个犬种进行比赛？
P.16

获得欧洲金牌一枚，请继续加油。

专门用来竞速的马品种是在哪培育出来的？
P.16

图书在版编目（CIP）数据

人类饲养的动物：大字版 / 郭伟望撰文. —北京：中国盲文出版社，2014. 5
（新视野学习百科；31）
ISBN 978-7-5002-5036-4

Ⅰ. ①人… Ⅱ. ①郭… Ⅲ. ① 动物—青少年读物
Ⅳ. ①Q95-49

中国版本图书馆 CIP 数据核字 (2014) 第 063889 号

原出版者：暢談國際文化事業股份有限公司
著作权合同登记号 图字：01-2014-2110 号

人类饲养的动物

撰　　文：郭伟望
审　　订：杨健仁
责任编辑：贺世民
出版发行：中国盲文出版社
社　　址：北京市西城区太平街甲 6 号
邮政编码：100050
印　　刷：北京盛通印刷股份有限公司
经　　销：新华书店
开　　本：889×1194　1/16
字　　数：33 千字
印　　张：2.5
版　　次：2014 年 12 月第 1 版　2014 年 12 月第 1 次印刷
书　　号：ISBN 978-7-5002-5036-4/ Q · 19
定　　价：16.00 元
销售热线：（010）83190288 83190292

绿色印刷　保护环境　爱护健康

亲爱的读者朋友：

本书已入选“北京市绿色印刷工程—优秀出版物绿色印刷示范项目”。它采用绿色印刷标准印制，在封底印有“绿色印刷产品”标志。

按照国家环境标准（HJ2503-2011）《环境标志产品技术要求 印刷 第一部分：平版印刷》，本书选用环保型纸张、油墨、胶水等原辅材料，生产过程注重节能减排，印刷产品符合人体健康要求。

选择绿色印刷图书，畅享环保健康阅读！

北京市绿色印刷工程